习惯培养

小强：持之以恒,贵在坚持!

时间账户

老付：你真正拥有多少时间

1. 请撕掉已经逝去的时间；
2. 你想要多少岁退休，请去掉后面部分；
3. 每天有8小时工作，请去掉剩余1/3；
4. 每天有8小时睡觉，请去掉剩余1/3；
5. 每天有多少时间是被动的？包括吃饭，吵架，排队，打电话，找东西，玩手机，请按比例去掉；
6. 剩下的就是你真正拥有的时间，有多少？

day 1

# 时间日志

老付：要管理时间就得知道时间都花到哪儿。时间日志是用来诊断和分析的，所以不需要太久，连续5天就可以了。

这是第一个挑战哦！加油！

day 2

6
7
8
9
10
11
12
13
14
15
16
17
18
19
20
21
22

day 5

6	
7	
8	
9	
10	
11	
12	
13	
14	
15	
16	
17	
18	
19	
20	
21	
22	

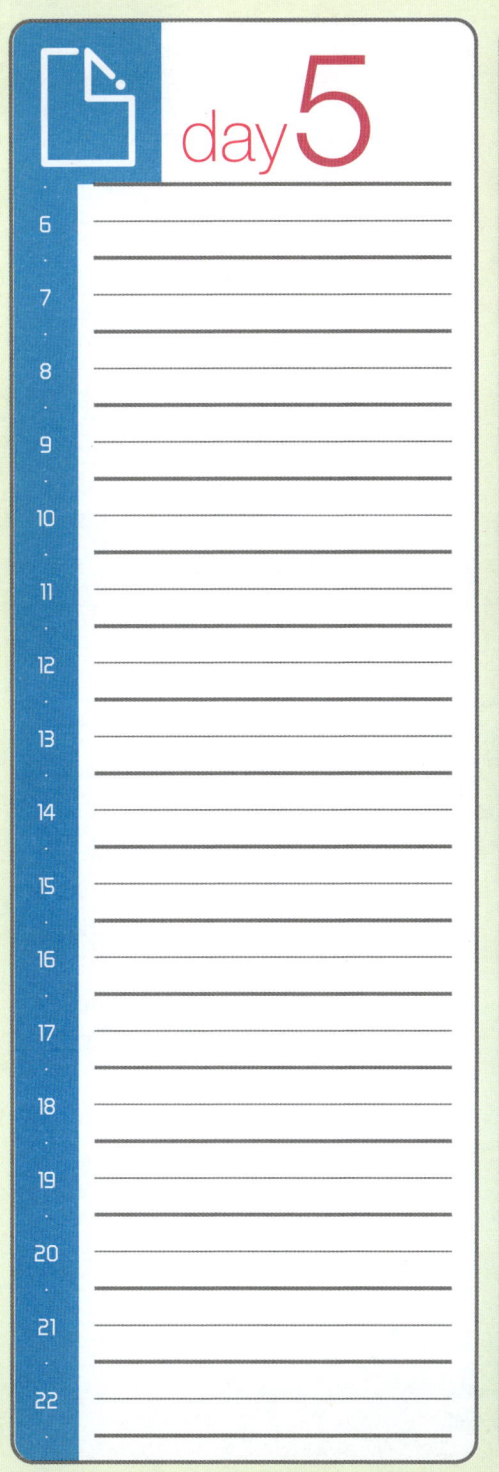

day 6

6	
7	
8	
9	
10	
11	
12	
13	
14	
15	
16	
17	
18	
19	
20	
21	
22	

四象限法

老付：早晨刚到公司的时候做这个练习：把手头的事情分别填入下面的四象限，然后一整天都是如此，这样下班的时候，就可以很直观地看到，你工作在第几象限，我们的目标是第二象限。

重要不紧急　II　I　重要紧急
不重要不紧急　IV　III　不重要紧急

day 7

 猴子法则

老付：假设你在专心工作，不出所料，有些人来打扰你，可是他们说的要么不在你的职责范围内，要么不适合现在去做，你会怎么回应？

老板问：有个客户问咱们能不能做存储器开发？

你回答：

下署问：我们的预算超支了，怎么办？

你回答：

同事问：你能给我×××××？

你回答：

老婆问：明天一起看电影吧，哪部电影好看？

你回答：

朋友问：能不能帮我做个小软件？

你回答：

我的工作清单

老付：今天面临一个有价值的挑战，把你脑袋里所有的事情从大脑中收集下来，并且分类组织到清单里。做完之后你会发现，自己对手头的事情更有掌控力了。当然，做有价值的事情都不那么简单，所以建议你温习一下第二章：无压工作术。

收集

日程		

将来想做清单	待办清单	项目清单

番茄工作法

老付：今天我们一起吃番茄，你需要准备一个倒计时器，一般智能手机上都有，然后：
1. 写下行动，并预估番茄数；
2. 遇到中断就记录在下面一栏；
3. 吃掉一个番茄就画X。

加油！

任务名	番茄数

中断的事情

day 10

老付：每天先搬走最大的石头，那接下来的事情就轻松了，这很重要，所以我们花5天时间去练习：
1. 早晨上班时写下今天三件最重要的事；
2. 要求自己先做这些事，当你真正开始做的时候，记录下开始时间；
3. 下班时请花1分钟回顾下是否做到了要事优先。

要事优先

day 11

day 12

day 13

day 14

day 15

 **系统化**

老付：做事靠系统，不是靠感觉，把重复做的事情系统化能把我们解放出来，比如选书的方法，处理客户问题，会议流程……

给你一张白纸，试试看吧！

day 16

九宫格

老付： 接下来的三天我们做一些可以改变你人生的事情，今天，请用九宫格规划你的年度目标，这会让你的人生更加平衡!

心灵/成功日记	心灵/事业	心灵/微梦想
健康		感情/人际
心智/阅读技能	财务	感情/家庭

day 17

思维导图

老付：既然已经规划出了目标，我们就要让它落地。今天我们就进行头脑风暴吧。
用思维导图的方式。

day 18

甘特图

老付： 接下来应该是要把想法进行组织规划，请列出主要任务，然后用笔涂出每一个主要任务预估需要花费的时间段，**这就是简化的甘特图了。**

时间线 主要任务	一月	二月	三月	四月	五月	六月	七月	八月	九月	十月	十一月	十二月

day **19**

高效办公区

老付：今天是第20天，干净、整洁的办公环境会让你心情更好，所以花一点时间整理它吧，**可以参考下面的图。**

day 20

回顾《小强升职记》

老付：我们一起走过了难忘的21天，现在，我要送你一份礼物，请在下面写上你读完《小强升职记》后的感受，拍照发送到新浪微博，并@邹小强V，你将有机会得到完整版的实践手册，祝你有一个高效率、慢生活的人生！

day 21